Kesava Reddy Chirra
Phani Raja Kumar Katuru

Análise estrutural e térmica da coroa do pistão revestida a prata

Kesava Reddy Chirra
Phani Raja Kumar Katuru

Análise estrutural e térmica da coroa do pistão revestida a prata

ScienciaScripts

Imprint
Any brand names and product names mentioned in this book are subject to trademark, brand or patent protection and are trademarks or registered trademarks of their respective holders. The use of brand names, product names, common names, trade names, product descriptions etc. even without a particular marking in this work is in no way to be construed to mean that such names may be regarded as unrestricted in respect of trademark and brand protection legislation and could thus be used by anyone.

Cover image: www.ingimage.com

This book is a translation from the original published under ISBN 978-620-2-31161-8.

Publisher:
Sciencia Scripts
is a trademark of
Dodo Books Indian Ocean Ltd. and OmniScriptum S.R.L publishing group

120 High Road, East Finchley, London, N2 9ED, United Kingdom
Str. Armeneasca 28/1, office 1, Chisinau MD-2012, Republic of Moldova, Europe
Managing Directors: Ieva Konstantinova, Victoria Ursu
info@omniscriptum.com

Printed at: see last page
ISBN: 978-620-8-38557-6

RESUMO

O objetivo do projeto é determinar o efeito do revestimento metálico, que é um revestimento de prata sobre a cabeça do pistão, que tem uma elevada condutividade térmica em relação ao pistão de aço fundido. Os efeitos dos pistões revestidos na distribuição da temperatura e das tensões térmicas são analisados e comparados com os resultados de um pistão não revestido através de análises estáticas e térmicas.

A cabeça do pistão é revestida com prata, que tem uma elevada condutividade térmica. Para este projeto, adicionando diferentes espessuras que variam de 300 micrómetros a 700 micrómetros de material metálico utilizado em pistões de aço fundido. Através do CATIA, o módulo do pistão pode ser criado e através do ANSYS, a análise estrutural, estática e transiente será feita e comparada com os resultados do pistão não revestido.

A superfície de revestimento é também um fator importante que afecta o trabalho realizado e a rejeição de calor no motor, mas a partir da literatura sobre revestimento de barreira térmica verificou-se que a superfície de revestimento rugosa era a mais adequada para um melhor desempenho. Esta análise centra-se principalmente no desempenho individual da coroa do pistão, podendo ser efectuada uma análise acoplada ao cilindro para obter o desempenho do motor como um todo.

ÍNDICE

CAPÍTULO 1	**3**
CAPÍTULO 2	**13**
CAPÍTULO 3	**16**
CAPÍTULO 4	**31**
CAPÍTULO 5	**43**
CAPÍTULO 6	**52**

CAPÍTULO 1
INTRODUÇÃO AO PISTÃO

1.1Introdução

Nos últimos anos, o mundo tem-se deparado com vários efeitos da poluição, entre os quais a maior preocupação é o aquecimento global. A principal causa do aquecimento global é a poluição atmosférica, que se deve à libertação de poluentes nocivos, como os óxidos de azoto, os óxidos de carbono, os hidrocarbonetos, etc. O NOx é o principal poluente que é libertado devido à combustão incompleta de combustíveis fósseis. Os automóveis constituem cerca de um terço da poluição atmosférica.

A poluição atmosférica causada por estes automóveis deve-se principalmente à combustão incompleta dos combustíveis, que tende a libertar monóxido de carbono e óxidos de azoto, o que é indesejável para a humanidade. Uma das formas de controlar a poluição é a queima completa do combustível. Este feito pode ser executado através de um revestimento metálico da cabeça do pistão com elevada condutividade térmica, de modo a que o calor da combustão anterior seja rapidamente conduzido à superfície. Com isso, o combustível injetado é queimado completamente.

O pistão é considerado uma das peças mais importantes de um motor alternativo, na medida em que ajuda a converter a energia química obtida pela combustão do combustível em potência mecânica útil. O objetivo do pistão é proporcionar um meio de transportar a expansão dos gases para a cambota através da biela, sem perda de gás por cima ou de óleo por baixo. O pistão é essencialmente um obturador cilíndrico que se move para cima e para baixo no cilindro. Está equipado com anéis de pistão para proporcionar uma boa vedação entre a parede do cilindro e o pistão. Embora o pistão pareça ser uma peça simples, é de facto bastante complexo do ponto de vista da conceção.

O pistão deve ser tão forte quanto possível, mas o seu peso deve ser minimizado tanto quanto possível, de modo a reduzir a inércia devida à sua massa recíproca.

1. 2Funções do pistão

Num motor de combustão interna, os pistões convertem a energia térmica em energia mecânica. As funções dos pistões são

- Transmitir as forças do gás através da biela para a cambota,

• Para proteger - em conjunto com os anéis do pistão - a câmara de combustão contra fugas de gás para o cárter e para evitar a infiltração de óleo do cárter na câmara de combustão,

- Dissipar o calor de combustão absorvido para a camisa do cilindro e para o óleo de arrefecimento.

Nos motores a gasolina, as cargas térmicas aumentaram significativamente nos últimos anos devido a maiores exigências de potência. Também as tensões à pressão média de ignição se alteraram em consequência da introdução do controlo de detonação, da injeção direta de combustível e do carregamento. Além disso, os conceitos de alta velocidade levaram a um aumento da carga de inércia.

1.3As propriedades do pistão são as seguintes

1. rigidez para suportar alta pressão.
2. leveza para reduzir o peso das massas recíprocas e permitir velocidades de motor mais elevadas.
3. boa condutividade térmica para reduzir o risco de detonação, permitindo assim uma taxa de compressão mais elevada.
4. Silêncio em funcionamento.
5. material com baixa dilatação e disposição para permitir diferentes taxas de dilatação do bloco de cilindros de ferro fundido e do pistão de aço.

6. saia corretamente formada para proporcionar um rolamento uniforme em condições de trabalho.

1.4Classificação dos pistões

Tendo em conta a multiplicidade de tipos de motores e os requisitos de funcionamento muito diferentes para muitas aplicações, foi desenvolvido e é utilizado atualmente um grande número de tipos de pistões.

Os tipos de pistões mais importantes e o seu principal campo de aplicação são descritos a seguir:

1. pistões para motores a gasolina para automóveis (ciclos de 4 e 2 tempos).
2. pistões para motores diesel de automóveis.
3. pistões para motores diesel de veículos comerciais.
4. pistões para motores diesel de locomotivas, veículos estacionários e navios.
5. pistões para desportos motorizados. Pistões para motores a gasolina de automóveis

1.5 Principais componentes do pistão

Os componentes importantes do pistão são mostrados na *figura 1.1.*

-Anel superior -Segundo anel -Óleo (4 tempos)

-Cabeça de pistão Terra superior

-Ranhura do anel -Segundo e terceiro terrenos Orifícios de retorno do óleo

-Pino do pistão

-Slot

-Saia

-O chefe do pistão

-Anel de encaixe

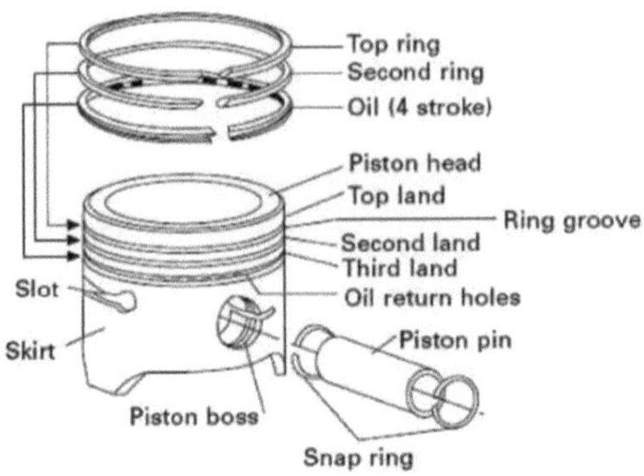

Figura.1.1 Componentes do pistão

As zonas mais importantes do pistão são o topo do pistão, a correia do anel incluindo a terra superior, o suporte do pino e a saia. O topo do pistão faz parte da câmara de combustão. Nos motores a gasolina, pode ser plano. Elevado ou rebaixado. Nos motores a gasóleo, a cuba da câmara de combustão está normalmente localizada no topo do pistão.

A área da correia dos anéis é normalmente constituída por três ranhuras para aceitar os anéis do pistão, cuja função é vedar contra picos de gás e óleo. Entre os anéis encontram-se as superfícies de contacto.

O terreno acima do primeiro anel do pistão é designado por terreno superior. Dois anéis de compressão e um anel raspador de óleo constituem normalmente o conjunto de anéis. O suporte do pino constitui o apoio do pino do pistão no pistão. É uma das zonas mais carregadas do pistão. A saia do pistão, que envolve mais ou menos a parte inferior do pistão, absorve as cargas laterais e assegura a orientação reta do pistão. A localização do pistão num motor a dois tempos e a quatro tempos é apresentada da seguinte forma

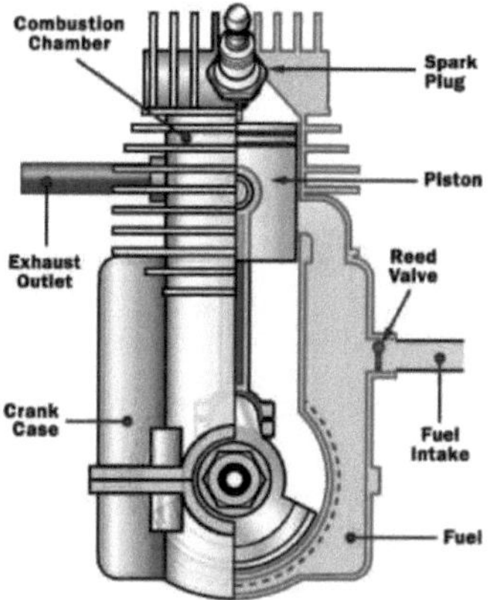

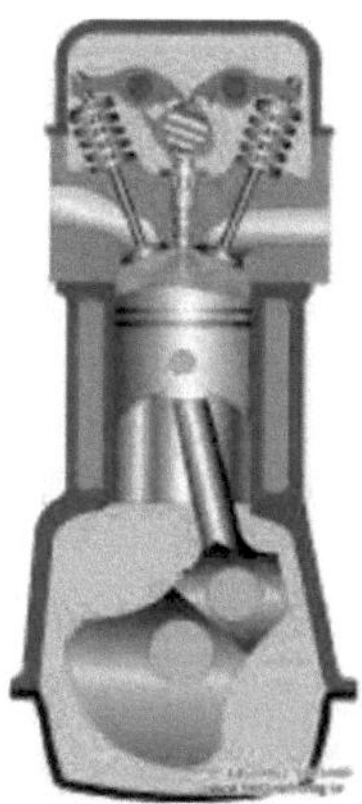

Figura 1.2 Localização do pistão num motor a 2 tempos e a 4 tempos

A cabeça ou coroa do pistão é concebida tendo em conta as duas considerações principais seguintes, ou seja

1 . deve ter uma resistência adequada para suportar a ação de tensão devida à pressão da explosão no interior do cilindro do motor.

2 . deve dissipar o calor da combustão para as paredes do cilindro o mais rapidamente possível.

Com base na primeira consideração da ação de deformação, a espessura da cabeça do pistão é determinada tratando-a como uma placa circular plana de espessura uniforme, fixada nos bordos exteriores e sujeita a uma carga uniformemente distribuída devido à pressão do gás em toda a secção transversal.

1.5.1 Anéis de pistão

Os anéis de pistão são utilizados para conferir a pressão radial necessária para manter a vedação entre o pistão e o furo do cilindro. Estes são normalmente fabricados em ferro fundido cinzento ou em liga de ferro fundido devido às suas boas propriedades de desgaste e também mantêm as caraterísticas de mola entre o pistão, mesmo a altas temperaturas.

Os anéis de pistão são dos dois tipos seguintes:

1. anéis de compressão ou anéis de pressão, e
2. anéis de controlo do óleo ou raspador de óleo.

Os anéis de compressão ou anéis de pressão são inseridos nas ranhuras na parte superior do pistão e podem ser em número de três a sete. Estes anéis também transferem o calor do pistão para a camisa do cilindro e absorvem uma parte da flutuação do pistão devido ao impulso lateral.

Os anéis de controlo do óleo ou raspadores de óleo encontram-se por baixo dos anéis de compressão. Estes anéis proporcionam uma lubrificação adequada à camisa, permitindo que óleo suficiente suba durante o curso ascendente e, ao mesmo tempo, raspam o óleo lubrificante da superfície da camisa, de modo a minimizar o fluxo de óleo para a câmara de combustão.

1.1. 2Saia do pistão

A parte do pistão abaixo da secção do anel é conhecida como saia do pistão. Actua como um suporte para o impulso lateral da biela. O comprimento da saia do pistão deve ser tal que a pressão de apoio no tambor do pistão devido ao impulso lateral não exceda 0,25.

1.1. 3Pino do pistão

A cavilha do pistão (também designada por cavilha de gudgeon ou cavilha de pulso) é utilizada para ligar o pistão e o

a biela. Normalmente é oco e cónico no interior, sendo o diâmetro interior mais pequeno no centro da cavilha. A cavilha do pistão passa através das saliências existentes no interior da saia do pistão e do casquilho da pequena biela. A distância do pino do pistão deve ser de 0,02 D para evitar o atrito e para obter o revestimento do cilindro. O material utilizado para a cavilha do pistão é geralmente uma liga de aço cementado de níquel, crómio, molibdénio ou vanádio com uma resistência à tração de 710 MPa a 910 MPa.

1.6Materiais do pistão

Os materiais utilizados para os pistões devem satisfazer muitos requisitos. Para além do requisito de elevada resistência em condições de temperatura flutuante, a baixa gravidade específica, a elevada condutividade térmica, uma caraterística de desgaste favorável e a expansão térmica desempenham um papel importante na determinação dos materiais do pistão a utilizar.

O material utilizado para os pistões é principalmente a liga de alumínio e o aço forjado. A utilização de pistões de alumínio e de aços forjados tem sido a norma nos motores a gasolina e nos motores diesel ligeiros desde há 100 anos. O calor tem outros efeitos para além de reduzir a densidade da mistura do motor. Quando a mistura é introduzida num motor, é aquecida pelo contacto com superfícies metálicas quentes. É ainda aquecida pela compressão e, em seguida, é novamente aquecida quando a ignição provoca um aumento acentuado da pressão na câmara de combustão. Se todo este aquecimento cumulativo levar as últimas partes da mistura, perto da parede do cilindro, a mais de 900 F, as alterações químicas provocadas pelo calor nessa mistura farão com que esses últimos bocados de mistura se auto-inflamem antes de a chama de combustão os poder alcançar. Esta mistura em auto-ignição arde à velocidade local do som, gerando ondas de choque que sobreaquecem as peças metálicas e as corroem. As peças são danificadas ou destruídas por esta "combustão de choque" ou detonação.

Os engenheiros sabem agora a importância de manter frias as coroas dos pistões e as superfícies da câmara de combustão. Como isto é mais difícil de conseguir nos motores arrefecidos a ar, não podem utilizar as elevadas taxas de compressão que são comuns nos modelos arrefecidos a líquido. A taxa de compressão típica de um motor arrefecido a ar situa-se na gama de 8 a 10:1, enquanto que nos motores arrefecidos a líquido são comuns valores tão elevados como 12:1, tendo sido utilizados 15:1 em motores de competição. Para suprimir as emissões de óxidos de azoto, o ar que entra nestes motores deve ser diluído com gases de escape que foram arrefecidos através de um permutador de calor. A presença deste gás inerte, para além do ar fresco, aumenta ainda mais a pressão de combustão e a tensão no pistão, levando a problemas crónicos recentes de erosão da superfície ou fissuras nos pistões de alumínio. No início dos anos 40, o antigo construtor de motores de aviões Wright Aeronautical, depois de ter tido os problemas habituais de fissuras e riscos nos pistões de alumínio a alta potência, testou com pistões feitos de aço. Estes eram inteiramente satisfatórios em termos de resistência e peso, mas o problema de manter as cúpulas e as ranhuras dos anéis suficientemente arrefecidas para evitar a detonação ou a colagem dos anéis não pôde ser resolvido antes de os motores de pistão para aviões se tornarem obsoletos devido aos jactos, por volta de 1957.

A utilização de pistões de aço está a aumentar rapidamente devido ao seu elevado tempo de vida útil, mas a dissipação de calor continua a ser o principal problema enfrentado pela utilização de pistões de aço. Este problema é resolvido utilizando várias tecnologias de revestimento, especialmente revestimentos metálicos. Devido à sua elevada condutividade, a dissipação de calor é conseguida sem sacrificar a resistência do pistão.

Figura 1.3 Pistão de aço para motor de ignição comandada

1. 7Revestimento térmico do pistão

Em teoria, a gestão do calor oferece um grande potencial para melhorar a potência de um motor. Frequentemente, os revestimentos de barreira térmica (TBC) à base de cerâmica são utilizados para reduzir a migração do calor, reflectindo-o em vez de o absorver. Podem ser aplicados nas superfícies do topo do pistão e nas ranhuras do anel superior, nas câmaras de combustão, nas cabeças e faces das válvulas de escape, nos colectores de escape e nas cabeças e no interior das portas de escape.

Quando aplicados nos topos dos pistões, os TBCs reflectem o calor de volta para a câmara de combustão. O calor adicional traduz-se em mais energia para empurrar os pistões para baixo. Na medida em que o revestimento dos topos dos pistões torna a superfície superior mais lisa e minimiza o desenvolvimento de pontos quentes locais nas superfícies dos pistões, os TBC podem diminuir o potencial de detonação. Por outro lado, os TBCs podem impedir que o calor se dissipe para os pistões e anéis, através da parede do cilindro e para a camisa de água; isto pode efetivamente aumentar o potencial de detonação. O ponto de inclinação está relacionado com o facto de o motor ser sujeito a calor durante um longo período de tempo (como num motor de resistência) ou em rajadas curtas (como num carro de corrida de arrancada).

A criação de uma barreira térmica na câmara de combustão também ajuda a câmara a reter a temperatura para um maior potencial de potência. Mais uma vez, partindo do princípio de que a detonação não se torna um problema, isto aumenta a eficiência da combustão ao mesmo tempo que baixa as temperaturas do líquido de arrefecimento do motor. O alumínio, que se diz rejeitar o calor mais rapidamente do que o ferro fundido tradicional, pode beneficiar particularmente dos TBC. Podem também ser aplicadas barreiras às cabeças das válvulas para as manter mais frias.

Diz-se que o revestimento das superfícies interior e exterior das peças de escape com TBCs aumenta a velocidade dos últimos gases, reduzindo a contrapressão e a reversão. O revestimento do interior de um coletor de aço macio alisa a superfície eliminando a corrosão e as incrustações, o que também deve aumentar a velocidade dos gases de escape. O revestimento do exterior deve reduzir a temperatura ambiente, o que pode resultar numa diminuição geral da temperatura no compartimento do motor.

Os pistões revestidos têm muitas vantagens em comparação com os pistões não revestidos, algumas das quais são :

-Melhorar as temperaturas globais de funcionamento.

-Aumento do desempenho

-Aumento da eficiência volumétrica e da eficiência térmica

-Redução do consumo de combustível

CAPÍTULO 2
REVISÃO DA LITERATURA

Os revestimentos térmicos são normalmente aplicados a substratos para os isolar, de modo a permitir uma temperatura de funcionamento mais elevada. O desejo de aumentar a temperatura ou reduzir o consumo de combustível dos motores torna tentadora a adoção de taxas de compressão mais elevadas, em particular para os motores SI, e a redução da rejeição de calor no cilindro dos pistões dos motores SI é uma aplicação de engenharia dos revestimentos, entre outras. Os revestimentos são aplicados para isolar os componentes da câmara de combustão ou superfícies selecionadas como a não-coroa. A rejeição de calor é então reduzida no cilindro e as superfícies metálicas são protegidas da fadiga térmica, especialmente dos cursos de potência e de escape dos ciclos do motor SI. O revestimento é um material à base de cerâmica que tem uma elevada condutividade térmica e é capaz de dissipar mais calor do que os materiais do pistão. Um dos materiais amplamente utilizados é o cobre, que é aplicado por uma técnica de pulverização. O principal objetivo é manter a temperatura ideal no interior do cilindro durante o curso de expansão, diminuindo assim a diferença de temperatura entre a parede e o gás para reduzir a transferência de calor. Parte da energia térmica adicional no cilindro pode ser convertida e utilizada para aumentar a potência e a eficiência. Outras vantagens incluem a proteção dos componentes metálicos da câmara de combustão contra tensões térmicas e a redução dos requisitos de arrefecimento. Um sistema de arrefecimento mais simples reduzirá o peso e o custo do motor, melhorando simultaneamente a sua fiabilidade. Existem muitas vantagens potenciais da baixa rejeição de calor (LHR) para conceitos de motores, tais como a redução do consumo de combustível e das emissões, bem como pistões e válvulas de escape mais duráveis.

Silvio Memme investigou e comparou um revestimento de cobre de base e um TBC metálico. Verificou-se que a redução da rugosidade da superfície de ambos os revestimentos aumentou a temperatura e a pressão no interior do cilindro, em resultado da redução da transferência de calor através da coroa do pistão. Estes aumentos resultaram em pequenas melhorias tanto na potência como no consumo de combustível, tendo também um efeito mensurável nas emissões. A modificação do motor com revestimento de cobre na coroa do pistão e no lado interior da cabeça do cilindro melhora o desempenho do motor, uma vez que o cobre é um melhor condutor de calor e consegue-se uma boa combustão com o revestimento de cobre. Muralikrishnaetal. estuda o desempenho do motor SI através da alteração da composição do combustível, da alteração da conceção da câmara de combustão e do fornecimento de conversor catalítico. A gasolina misturada com metanol (gasolina misturada com metanol, 20%, em volume) melhorou o desempenho do motor e diminuiu os níveis de poluição quando comparada com a gasolina pura no CE. Ravindra Gehlot ey.al. analisaram pistões de motores a diesel revestidos a cerâmica e verificaram que ocorre um aumento significativo da temperatura da superfície superior dos pistões quando o revestimento tem orifícios. No entanto, a temperatura do substrato está a diminuir com o aumento do raio dos furos. S.Srikanth Reddy et.al. realizou uma análise térmica utilizando ANSYS e optimizou o pistão utilizando a análise de elementos finitos. A influência da espessura do revestimento cerâmico nas variações de temperatura é estudada pelo método dos elementos finitos utilizando ANSYS. S. Krishnamani et.al. As análises de distribuição de temperatura foram efectuadas para uma espessura de revestimento cerâmico de 0,3 mm sobre a superfície da coroa do pistão. Foram analisados os resultados do pistão revestido com dois revestimentos diferentes. O Dr. K. Kishore determinou a distribuição da temperatura no pistão, na camisa e na cabeça do cilindro de um motor convencional (CE) e de um motor revestido a cobre (CCE) para estudar o desempenho do óleo lubrificante com a ajuda do método dos elementos finitos (FEM) utilizando o pacote de software ANSYS. Hongyuanzhang introduziu o princípio da análise térmica para o pistão do motor de combustão, obtém o coeficiente de troca de calor do topo do pistão e a distribuição do coeficiente de troca de calor do pistão e da água de arrefecimento através de cálculos, e calcula a temperatura do pistão com o método dos elementos finitos e comparando o resultado com a temperatura medida. Verifica-se que as temperaturas do topo do pistão e da ranhura circular restante são relativamente elevadas após o cálculo da temperatura produzida e, com base nos resultados, o esquema de otimização da adição da câmara de óleo de arrefecimento é aplicado às estruturas do pistão. Os resultados mostram que, após a otimização, a temperatura máxima do topo do pistão é reduzida para 264 C e a temperatura no anel de repouso é reduzida para 204 C, melhorando assim as condições de funcionamento do anel do pistão.

CAPÍTULO 3

CONCEPÇÃO ASSISTIDA POR COMPUTADOR E ANÁLISE DE ELEMENTOS FINITOS

3.1INTRODUÇÃO AO CAD

O Desenho Assistido por Computador-CAD define-se como a utilização das tecnologias de informação (TI) no processo de desenho. Um sistema CAD é constituído por hardware informático (H/W), software especializado (S/W) na área particular de aplicação) e periféricos, que em certas aplicações são bastante especializados. O núcleo de um sistema CAD é o S/W, que faz uso de gráficos para apresentação; bases de dados para armazenamento do modelo do produto e acciona os periféricos para a apresentação. A sua utilização não altera a natureza do processo de design mas, como o nome indica, ajuda o designer de produto. O designer é o principal ator do processo, em todas as fases, desde a identificação do problema até à fase de implementação. Inicialmente, a técnica tinha como objetivo automatizar uma série de tarefas que o designer desempenhava e, em particular, a modelação do produto. Hoje em dia, os sistemas CAD cobrem a maior parte das actividades do ciclo de conceção, registam todos os dados do produto e são utilizados como plataforma de colaboração entre equipas de conceção colocadas à distância. A maior parte das suas utilizações são para fabrico e o nome habitual da aplicação é CAD/CAM. As áreas de aplicação das técnicas relacionadas com o CAD, como o CAD, a engenharia CA e o fabrico CA.

3.1.1 SOFTWARE CATIACAD

O CATIA - que significa Computer Aided Three-dimensional Interactive - é o software CAD (desenho assistido por computador) mais poderoso e mais utilizado do seu género no "mundo". 10 Para contextualizar o CATIA V5, o produto CATIA original foi desenvolvido no final da década de 1910 pela Assault Aviation, uma empresa aeronáutica francesa. O CATIA V4 (lançado em 1993) representou a primeira aplicação generalizada do produto e continua a ser utilizado atualmente.

O CATIA V5 foi lançado em 1999, um produto totalmente novo escrito para Windows e UNIX e reconhecido atualmente como o líder da indústria.

À semelhança de outras migrações CATIA efectuadas nos últimos 30 anos, o percurso de transição foi cuidadosamente estruturado para proteger o investimento existente e minimizar qualquer impacto na produção.

O CATIA é a principal solução de desenvolvimento de produtos para todos os OEMs, através das suas cadeias de fornecimento, até aos pequenos produtores independentes. As suas capacidades de fabrico permitem a sua aplicação numa grande variedade de indústrias, tais como a automóvel, a maquinaria industrial, a eléctrica, a eletrónica, a construção naval, os bens de consumo, incluindo a conceção de produtos tão diversos como a joalharia e o conceito de produto mais antigo até às ferramentas de produção, as suas capacidades de engenharia simultânea em contexto criam valor ao permitir que as empresas criem produtos e fábricas aeroespaciais, automóveis, em conceção, e bens de consumo, em vestuário. Desde o conceito mais antigo de produto até às ferramentas de produça

3.1.2CATIA Sketcher Workbench

O Sketcher é um conjunto de ferramentas que o ajuda a criar e restringir 360metrias 2D. As caraterísticas (coxins, bolsas, veios, etc...) podem então ser criados sólidos ou sólidos de modificação utilizando estes perfis 2D. Pode aceder à bancada de trabalho do Sketcher de várias maneiras. As formas mais simples são através do menu superior (Iniciar - Mechanical Design -) ou selecionando o ícone do Sketcher. Quando você entra no sketcher, o CATIA requer a escolha de um plano para esboçar. Você pode escolher este plano antes ou depois do seu ícone. Para sair do sketcher, selecione o ícone Exit Workbench. ·

- **Barra de ferramentas do perfil.** Os comandos situados na barra de ferramentas: Os comandos situados nesta barra de ferramentas permitem-lhe criar ilhoses simples (retângulo, círculo, linha, etc...) e geometrias mais complexas (perfil, spline, etc...).
- **Barra de ferramentas Operação**: Uma vez criado um perfil, este pode ser modificado através dos comandos chanfrar, e outros comandos localizados na barra de ferramentas Operação.
- **Barra de ferramentas de restrições**: O perfil ou a geometria pode ser restringido com uma restrição dimensional (tangente, paralela), utilizando os comandos localizados na barra de ferramentas de restrição
- **Barra de ferramentas de esboço**: Os comandos desta barra de ferramentas permitem-lhe trabalhar em diferentes modos que facilitam o esboço
- **Barra de ferramentas do filtro de seleção do utilizador**: Permite-lhe ativar diferentes filtros de seleção.
- **Barra de ferramentas de visualização**: Permite-lhe, entre outras coisas, cortar a peça pelo plano de esboço e escolher efeitos de iluminação e outros factores que influenciam a forma como a peça é visualizada.
- **Barra de ferramentas Tools**: Permite-lhe, entre outras coisas, analisar um sketch para detetar problemas, e criar um ponto de referência.
- **Grelha**: Este comando ativa e desactiva a grelha do desenhador.
- **Encaixar no ponto**: Se estiver ativo, o seu cursor encaixará nas intersecções das linhas de **grelha***
- **Elementos de construção / Elementos standard**: Pode desenhar dois tipos diferentes de elementos: um elemento padrão e um elemento de construção. Um elemento standard (tipo linha sólida) quando o ícone está inativo (azul). Será utilizado para criar uma caraterística no banco de trabalho Peça. Um elemento

de construção (tipo linha tracejada) será criado quando o ícone estiver ativo.

- **Restrições geométricas**: Quando activas, as restrições geométricas serão automaticamente aplicadas como tangências, coincidências, paralelismos, etc
- **Restrições Dimensionais**: Quando activas, as restrições dimensionais serão automaticamente activadas quando forem criados cantos (filetes) ou chanfros, ou quando houver quantidades na área do campo de valor. O campo de valor é um local onde as dimensões, como o comprimento da linha e o ângulo, são introduzidas manualmente.
- **Barra de ferramentas Perfil**: A barra de ferramentas Perfil contém comandos de geometria 2D. Estas geometrias vão desde as muito simples (ponto, retângulo, etc...) até às muito complexas (splines, cónicas, etc...). A barra de ferramentas Perfil contém muitas sub-barras de ferramentas. A maioria destas sub-barras de ferramentas contém diferentes opções para criar a mesma geometria. Por exemplo, pode criar uma linha simples, uma linha definida por dois pontos tangentes ou uma linha que é perpendicular a uma superfície. Lendo da esquerda para a direita, a barra de ferramentas Perfil contém os seguintes comandos.

3.1.3CATIA Modelação 3D funcional

Experimente uma abordagem sem história na modelação de sólidos Alcance uma produtividade e flexibilidade inigualáveis para conceber peças fundidas, moldadas e forjadas. Configure a especificação funcional completa para as suas peças e ferramentas associadas, e já está. A ordem de criação de caraterísticas deixa de ter qualquer impacto na estrutura da peça, para que se possa concentrar nos principais objectivos funcionais.

3.1.4CATIA Modelação de superfície

Embora as superfícies não sejam diretamente utilizáveis para impressão 3D, é possível utilizar a modelação de superfícies convertendo todas as superfícies em corpos de volume antes de as exportar. Por conseguinte, deve ser modelada com uma vista para criar um corpo que possa ser convertido em sólido.

Para isso, é necessário criar um corpo fechado com bordas finitas e sem costuras, prestando especial atenção à malha caraterística "estanque". Para melhor representar esta ideia, é preciso imaginar que o interior do objeto está cheio de água, que não deve sair, independentemente da orientação. O objetivo é obter um corpo perfeitamente selado, "estanque".

3.1.5CATIA Conceção de peças

Um motor de desenho "Smart Solid" único combina o desenho baseado em caraterísticas com uma abordagem booleana para maior flexibilidade. Qualquer que seja a sua metodologia de desenho preferida, o CATIA oferece uma plataforma de desenho mecânico altamente produtiva e intuitiva. Todas as aplicações CATIA, como o desenho de conjuntos ou o desenho generativo, tiram partido dos dados de desenho de peças CATIA à medida que avança com o seu projeto.

3.1. 6Concepção da montagem CATIA

Conceba num contexto de montagem e gira as suas montagens num espírito de colaboração. Comece pela estrutura do seu produto (de cima para baixo) ou monte componentes individuais (de baixo para cima). Arraste dinamicamente as peças para a sua posição, reordene-as, coloque restrições de montagem e verifique as colisões, recorrendo às suas carcaças de componentes padrão. Mantenha-se concentrado no design e na inovação acedendo aos seus componentes padrão.

3.1.7CATIA Elaboração de projectos generativos

Gere desenhos associativos a partir do seu desenho CATIA 3D com um único clique, independentemente da sua composição (superfícies, sólidos, peças híbridas, montagens, etc.) Dimensões 3D automaticamente com controlo de colocação. Adicione as suas anotações e caraterísticas Pup quando necessário. Os desenhos associados ao projeto 3D fornecem

3.1.8CATIA Conceção de chapas metálicas

O Sheet metal Design é dedicado à conceção de peças em chapa metálica. As suas caraterísticas oferecem um ambiente de desenho altamente produtivo e intuitivo.

Permite a engenharia simultânea entre a representação dobrada ou desdobrada do CATIA - Sheet metal Design pode ser utilizada de forma cooperativa com outros componentes actuais ou futuros do CATIA Versão 5, como a conceção de peças, a conceção de conjuntos e a geração de desenhos. O design de chapas metálicas pode começar do zero ou a partir de um sólido já existente. A comunicação entre fornecedores e empreiteiros é facilitada. O Sheet metal Design 1 oferece a mesma facilidade e consistência de interface de utilizador que todas as aplicações CATIA V5 para reduzir drasticamente o tempo do ciclo de formação e libertar a criatividade do designer.

3.1.9CATIA Wireframe & Surface

Wireframe & Surface é utilizado para criar elementos de construção wireframe durante a fase de projeto preliminar. Também pode enriquecer o projeto de peças mecânicas 3D existentes com estrutura de arame e caraterísticas básicas de superfície. A sua abordagem baseada em caraterísticas contribui para um ambiente de desenho produtivo e intuitivo, onde as metodologias e especificações de desenho podem ser captadas e reutilizadas.

3.1.10 Vantagens da CATIA

O CATIA, que possui uma funcionalidade de geometria sólida construtiva, tem as seguintes vantagens

-Multi-engenharia : As bibliotecas de modelos compatíveis para muitos domínios de engenharia permitem uma modelação de alta fidelidade de sistemas integrados complexos.

-Modelação intuitiva .

-Modelica : Uma linguagem de modelação poderosa, orientada para objectos e formalmente definida.

-Bibliotecas abertas : O utilizador pode facilmente criar os seus próprios componentes ou adaptar os existentes para satisfazer necessidades específicas.

-Reutilização : Os modelos causais, orientados para as equações, permitem que um componente seja utilizado em diferentes contextos e que um modelo seja utilizado em diferentes estudos.

-Manipulação Simbólica : Alivia o utilizador da conversão de equações em instruções de atribuição ou diagramas de blocos. As simulações são mais eficientes e robustas.

-Animação : Animação 3D em tempo real e importação de ficheiros CAD.

-Bibliotecas de modelos abrangentes .

3.2INTRODUÇÃO AO FEA

A ideia básica do Método dos Elementos Finitos é encontrar a solução de problemas complicados de uma forma relativamente fácil. O Método dos Elementos Finitos tem sido uma ferramenta poderosa para a solução numérica de uma vasta gama de problemas de engenharia. As suas aplicações vão desde a análise de deformações e tensões de automação automóvel, aeronáutica, construção, defesa, até ao domínio da análise da dinâmica, estabilidade, mecânica da fratura, fluxo de calor, fluxo magnético, infiltração e outros problemas de fluxo. Com os avanços da tecnologia informática e dos sistemas CAD, os problemas complexos podem ser modelados com relativa facilidade. Várias figurações podem ser experimentadas num computador antes de se construir o primeiro protótipo. O campo da engenharia deve idealizar a estrutura dada para o comportamento requerido.

No Método dos Elementos Finitos, a região de solução é considerada como muitas sub-regiões pequenas e interligadas, denominadas elementos finitos.

3.2.1 NECESSIDADE DO MÉTODO DOS ELEMENTOS FINITOS

Para prever o comportamento da estrutura, o projetista adopta três ferramentas: métodos analíticos, experimentais e numéricos. O método analítico é utilizado para as secções regulares de entidades geométricas conhecidas ou primitivas em que a geometria do componente é expressa matematicamente. A solução obtida através do método analítico é exacta e demora menos tempo. Este método não pode ser utilizado para secções irregulares e para as formas que requerem equações matemáticas muito complexas. Por outro lado, o método experimental é utilizado para encontrar os parâmetros desconhecidos de interesse

3.2.2 O PROCESSO DO MÉTODO DOS ELEMENTOS FINITOS

O Método dos Elementos Finitos é utilizado para resolver problemas físicos em projectos de análise de engenharia. Os problemas físicos envolvem tipicamente um componente de uma estrutura real sujeito a determinadas cargas. A idealização do problema físico num modelo matemático requer pressupostos que, em conjunto, conduzem a equações diferenciais que regem o modelo matemático. A Análise de Elementos Finitos resolve o modelo matemático, que descreve o problema físico. O MEF (Método dos Elementos Finitos) é um procedimento numérico; é necessário avaliar a exatidão da solução. Se os critérios de precisão não forem cumpridos, a solução numérica é repetida com parâmetros de solução refinados até ser atingida uma precisão suficiente.

3.2.3 CONDIÇÕES DE CAMPO E DE FRONTEIRA

As variáveis de campo, tais como deslocamentos, deformações e tensões, devem satisfazer as condições que podem ser expressas matematicamente sob a forma de problemas de mecânica diferencial. As condições de fronteira podem ser cinemáticas, isto é, podem ser prescritos momentos (e inclinações, isto é, a derivada do deslocamento), ou podem ser prescritas Forças (e momentos). Os valores iniciais podem ser dados nos problemas em que o tempo está envolvido. A temperatura especificada ou o fluxo de calor/fluxo de calor ou as convenções podem ser especificados na análise térmica.

3.2.4 ETAPAS DA MODELAÇÃO POR ELEMENTOS FINITOS

O método baseia-se na análise da rigidez. A rigidez é definida como a força necessária para a deslocação e é o recíproco da flexibilidade. Neste método, assume-se que a estrutura é constituída por numerosos elementos minúsculos ligados entre si. Daí o nome - Método dos Elementos Finitos.

Estruturas extremamente complexas também podem ser simuladas através da disposição correta destes elementos. Os elementos mais utilizados são as vigas, as placas e as formas prismáticas sólidas, etc. Os pontos de interconexão entre os elementos são designados por nós.

As etapas gerais do método dos elementos finitos, quando aplicado à mecânica estrutural, são as seguintes:

1) Dividir o continuum num número finito de sub-regiões (ou elementos) de geometria simples, como segmentos de reta, triângulos, quadriláteros. (Os elementos quadrados e rectangulares são subconjuntos de quadriláteros), tetraedros e hexaedros (cubos), etc

2. selecionar os pontos-chave dos elementos que servirão de nós onde as condições de equilíbrio e de compatibilidade devem ser aplicadas.

3. Assumir funções de deslocamento dentro do elemento ench de modo a que os deslocamentos em cada ponto genérico dependam dos valores nodais.

4. satisfazer as relações tensão-deslocamento e tensão-deformação num elemento típico.

5. Determinar a rigidez e a rigidez equivalente e as cargas nodais equivalentes para um elemento típico utilizando os princípios do trabalho ou da energia.

6. desenvolver o equilíbrio e as contribuições dos elementos.

7) Resolver o equilíbrio para os deslocamentos nodais.

8. reacções de apoio calculadas nos nós restringidos, se deslocados.

9. Determinar as deformações

3.3FEA SOFTWARE - ANSYS

3.3. 1INTRODUÇÃO

O Dr. John Swanson fundou a ANSYS Inc. em 1970 com a visão de comercializar a engenharia simulada, estabelecendo-se como um dos pioneiros da Análise de Elementos Finitos

(FEA) ANSYS Inc. apoia o desenvolvimento contínuo de sistemas de engenharia inovadores, flexíveis e abrangentes que permitem às empresas resolver toda a gama de problemas de análise, maximizando os seus investimentos actuais em software SYS

Inc. Continua a desempenhar o seu papel de inovadora tecnológica.

3.3.2EVOLUÇÃO DO PROGRAMA ANSYS

ANSYS evoluiu para um programa de software de análise de projeto polivalente, reconhecido em todo o mundo pelas suas muitas capacidades. Atualmente, o programa é extremamente poderoso e a sua fácil disponibilização acolhe novas e melhoradas capacidades que tornam o programa mais flexível, mais completo e mais rápido. Desta forma, o ANSYS ajuda os engenheiros a satisfazer as pressões e exigências do ambiente moderno de desenvolvimento de produtos.

3.3.3 VISÃO GERAL DO PROGRAMA

O ANSYS é um pacote flexível e robusto de análise e otimização de projectos. O software funciona nos principais computadores e sistemas operativos, desde PCs a estações de trabalho e supercomputadores. O ANSYS apresenta computabilidade de ficheiros em toda a família de produtos e em todas as plataformas.

O programa ANSYS permite aos engenheiros construir modelos computacionais ou transferir modelos CAD de estruturas, produtos, componentes ou sistemas; aplicar cargas operacionais ou outras condições de desempenho do projeto; e estudar respostas físicas, tais como níveis de tensão, distribuições de temperatura ou o impacto de campos electromagnéticos.

3.3.4PROCEDIMENTO PARA A ANÁLISE ANSYS

Uma análise estática pode ser linear ou não linear. Neste trabalho, considerámos que a análise ANSYS consiste em três etapas principais:

1 . construir o modelo.

2. obter a solução

. 3. Rever os resultados. Construir o modelo

Nesta etapa, especificamos o nome do trabalho e o título da análise e, em seguida, definimos os tipos de elementos, as constantes reais dos elementos, as propriedades dos materiais e os tipos de elementos geométricos do modelo - são permitidos elementos estruturais lineares e não lineares. A biblioteca de elementos do ANSYS contém mais de 80 tipos de elementos diferentes. Um número único e um prefixo identificam cada tipo de elemento. Por exemplo: PLANE-71, SOLID- 96, BEAM-94 e PIPE-16.

Propriedades do material: O módulo de Young$^{\varsigma}$ s [Ex] deve ser definido para a análise estática. Se tivermos de aplicar cargas de inércia (como a gravidade), definimos propriedades de massa como a densidade [DENS].

Do mesmo modo, se aplicarmos cargas térmicas [temperaturas], definimos coeficientes de dilatação térmica [ALPX]. Obter a solução

Neste passo, definimos o tipo de análise e as opções, aplicamos cargas e iniciamos a solução de elementos finitos. Isto envolve três fases:

a. Fase de pré-processamento

b. Fase de solução

c. Fase pós-processamento.

(a) PRÉ -PROCESSADOR

O pré-processador foi desenvolvido de modo a que o mesmo programa esteja disponível em sistemas de computador micro, mini, super-mini e mainframe. Isto permite a fácil transferência de modelos de um sistema para outro. O Pré-Processador é um construtor de modelos interativo que prepara o modelo de elementos finitos e os dados de entrada. A fase de solução utiliza os dados de entrada desenvolvidos pelo pré-processador e efectua a solução de acordo com a definição do problema.

- **Definições geométricas:** Existem quatro entidades geométricas diferentes no pré-processador, nomeadamente pontos-chave, linhas, áreas e volumes. Estas entidades podem ser utilizadas para obter a representação geométrica da estrutura. Todas as entidades são independentes umas das outras e têm etiquetas de identificação únicas.
- **Pontos-chave**: Os pontos-chave são pontos no espaço 3D. O ponto-chave é uma entidade básica e, normalmente, a primeira entidade a ser criada. Os pontos-chave podem ser gerados de várias formas; por um Clínico individual, pela transferência de pontos-chave existentes e a partir de outras entidades; por exemplo, intersecção de duas linhas, ponto-chave nos cantos, etc.\
- **Linhas**: Uma linha é geralmente uma curva 3-D definida através de uma equação cúbica paramétrica. As linhas podem ser geradas a partir de uma série de grelhas. Varrer uma grelha específica em torno de um determinado eixo através de um ângulo incluído desejado pode gerar um arco circular.
- **Área**: A área é uma superfície 3-D definida através de uma equação cúbica paramétrica. As áreas podem ser definidas por quatro pontos-chave ou pelo método das quatro linhas, consoante a geometria. Alguns círculos, rectângulos e polígonos incorporados podem ser gerados diretamente com o tamanho pretendido.

-**Volume**: O volume, em geral, é uma região sólida tridimensional definida através da utilização de uma fórmula cúbica paramétrica

Tal como as áreas, os volumes também têm direcções paramétricas. Utilizando duas ou quatro áreas, podem ser geradas áreas como o círculo, a equação retangular. Semelhante à área pode ser gerada. A rotação de uma área em torno de um eixo com outra área também pode gerar volumes de cilindro, prisma e esfera que podem ser criados diretamente com as dimensões pretendidas.

(b) SOLUÇÃO

A fase de solução trata da solução do problema de acordo com as definições do problema. Todo o trabalho tedioso de formulação e montagem de matrizes é feito pelo computador e, finalmente, os deslocamentos e tensões são dados como saída. Algumas das capacidades do ANSYS são apresentadas de seguida.

1 . análise estática estrutural.

2. análise dinâmica estrutural

. 3. Análise de encurvadura estrutural.

i. Encurvadura linear.

ii. encurvadura não linear.

4. laços estruturais não lineares.

5. análise cinemática estática e dinâmica.

6. análise térmica.

7. análise do campo eletromagnético

. 8. Análise do campo elétrico.

9 . análise do fluxo de fluidos.

i. Computacional

ii. Fluxo de tubagem.

10 . análise de campo acoplado.

11. análise piezoeléctrica.

(c) PÓS-PROCESSADOR

A fase de pós-processamento do programa ANSYS segue as fases de pré-processamento e solução. Com esta parte do programa, o utilizador pode facilmente obter e operar sobre os resultados calculados na fase de solução através de um conjunto muito completo de funcionalidades de pós-processamento de fácil utilização. Estes resultados podem incluir deslocamentos, temperaturas, tensões, velocidades e fluxos de calor.

A saída da fase de pós-processamento do programa está na forma de relatório de exibição.

Uma vez que a fase de pós-processamento está totalmente integrada com as fases de pré-processamento e solução do ANSYS, o utilizador pode examinar os resultados imediatamente. É um poderoso programa de pós-processamento de fácil utilização. Utilizando gráficos interactivos a cores, possui extensas funcionalidades de plotagem para apresentação dos resultados obtidos a partir do MEF. Uma imagem dos resultados da análise pode muitas vezes revelar em segundos o que o engenheiro levaria horas a avaliar a partir de uma impressão numérica. O engenheiro pode também ver aspectos importantes dos resultados que poderiam facilmente passar despercebidos no stock de impressões. Empregando as mais avançadas técnicas de melhoramento de imagem, permite a visualização de contornos de tensões, deslocamentos, temperaturas, etc.

CAPÍTULO 4
MODELAÇÃO E ANÁLISE DO PISTÃO

4.1 DEFINIÇÃO DO PROBLEMA

O modelo de pistão revestido a prata utilizado na simulação é um pistão de motor a gasolina. A análise estrutural estática e de estado estacionário foi efectuada por meio da técnica de elementos finitos, que é uma ferramenta numérica poderosa. As análises foram efectuadas para várias condições: uma coroa de pistão não revestida e uma coroa de pistão revestida com uma camada superior de prata com uma espessura que varia entre 0,3 e 0,7 mm. A variação da temperatura no pistão é examinada, bem como as tensões interfaciais nas interfaces BC/TC e SUBS/BC. Estes são comparados com os resultados do pistão não revestido.

4. 2MATERIAIS DE REVESTIMENTO METÁLICO

Os revestimentos de barreira térmica são utilizados para aumentar a temperatura de funcionamento do material. O revestimento tem uma configuração de prata metálica e pode não ser isotrópico. O material de prata pulverizado termicamente tem estruturas em camadas com uma densidade de defeitos resultante do impacto sucessivo de uma multidão de partículas totalmente ou semi-fundidas.

Os revestimentos pulverizados por plasma apresentam uma simetria isotrópica transversal. Embora as propriedades dos materiais de revestimento sejam diferentes nas direcções da espessura e do plano, o material comporta-se linearmente em cada direção. O problema mais importante do sistema revestido é a estabilidade estrutural que ocorre durante o funcionamento devido às propriedades da prata metálica, como a ductilidade e a maleabilidade. Os revestimentos de prata são preferidos devido à sua elevada condutividade.

Neste estudo, a prata em pó é utilizada como material de depósito devido às suas boas propriedades de condutividade térmica e estabilidade térmica em aplicações criogénicas e a altas temperaturas, em comparação com outros materiais de revestimento como a alumina.

Component	**Material**	**Young's modulus (GPa)**	**Poisson's ratio**	**Thermal expansion coefficient (x10·/·C)**	**Thermal Conductivity (W/mK)**
Piston	Forged steel	200	0.25	12.5	12-45
Coating	Silver	76	0.37	19.6	419

Tabela 4.1 Propriedades dos materiais do pistão e do revestimento

A espessura do revestimento da cabeça do pistão foi alterada de 0,3 mm para 0,7 mm com um incremento de 0,2 mm. O material do pistão é aço forjado, as propriedades MGA BATAS do pistão de aço são 420MPa e 140GPa para o módulo final e o módulo de massa, respetivamente,

4.3MODELAÇÃO DO PISTÃO

São efectuadas análises estruturais estáticas e de tensões térmicas em estado estacionário para estudar o efeito do revestimento metálico com várias espessuras de prata em pistões de motores de ignição comandada. As variações da deformação, da tensão, do esforço, da temperatura e do fluxo de calor no pistão são investigadas para as coroas do pistão com e sem revestimento.

As análises das tensões térmicas são efectuadas utilizando o software ANSYS, produzido pela ANSYS Inc. O modelo de pistão utilizado na simulação é fabricado para o motor SI. O motor escolhido para esta análise é um motor SI com as seguintes especificações indicadas na *tabela 4.1*

ESPECIFICAÇÕES DO MOTOR

BORE	70mm
STROKE	66.7mm
INDICATED POWER	5Hp
SPARK IGNITION TIMING	25 BTDC
SPEED	3000rpm
COMPRESSION RATIO	3:1 to 9:1
SPECIFIC FUEL CONSUMPTION	475 gm/kWh
LUBRICATING OIL	SAE-40
MAKE	Greaves Limited

Quadro 4.2 Especificações do motor

A experiência foi realizada num motor de quatro tempos, monocilíndrico, com uma taxa de compressão variável (3:1-9:1) e uma regulação de ignição variável (250 a 280 BTDC), arrefecido a água, com uma potência máxima de 2,2 kW, acoplado a um dinamómetro de correntes de Foucault.

Pressão máxima de um motor S.I. = 5N/mm-

Eficiência mecânica = 80%

4.3.1CONCEPÇÃO DO PISTÃO

A partir dos parâmetros derivados apresentados na tabela 4.3 abaixo, é desenhado um esboço dimensional axissimétrico bidimensional que é utilizado para desenvolver o modelo 3D no Catia V5.

a)Potência Indicada,

I.P = 5 Hp = 5*745.6KW = 3.728 KW

b) Espessura da cabeça do pistão com base na resistência,

$t_c = D\sqrt{\frac{3 \times P_{max}}{16 \times \sigma_t}} = 70*\sqrt{(3*5)/(16*100)} = 7.14mm$

c) Número de cursos de trabalho por minuto = n

N = N/2 = 3000/2 =1500 rpm

d) Área da secção transversal ,

$A = \pi r^2 = \pi * (35)^2 = 3848.45\ mm^2$

e)Potência de travagem,

B.P = I.P * η = 3.728 * 0.8 = 2982.8 KW

f) Espessura das nervuras = t/3 ou /2

$t = 3$ mm

g)Espessura radial dos anéis do pistão,

$t_1 = D\sqrt{3p_w/\sigma} = 2.23$ mm

h) Espessura axial dos anéis do pistão,

$t_2 = 0.7t_1$ to $t_1 = 1.78$ mm

i) Largura do terreno superior,

$b_1 = t_1$ to $1.2\ t_1 = 7.85$ mm

j)Largura do anel de terra,

$b_2 = 0.75t_2$ to $t_2 = 1.42$ mm

k) Espessura do cano na extremidade superior,

$b = 0.4 + t_1 = 2.63$ mm

$t_3 = 0.03*D + b + 4.5$ mm = 9.23 mm

l) Espessura do tambor do pistão na extremidade aberta,

$t_4 = 0.25\ t_3$ to $0.35\ t_3 = 2.15$ mm

m)Diâmetro do pino do pistão,

do=0.03D=2.1mm

n)Comprimento da saia do pistão,

$R = p_b * D * l$

l= 61.1 mm

Thickness of piston head	7.14mm
Radial thickness of piston ring	2.23 mm
Axial thickness of piston ring	1.78 mm
No of piston rings	4
Width of top land	7.85 mm
Width of ring land	1.42 mm
Thickness of piston barrel at top end	9.23 mm
Thickness of piston barrel at open end	2.15 mm
Piston pin dia.	2.1mm
Length of Skirt	61.1 mm
Total length of piston	80.33mm

*Tabela4.*3Dimensões *do pistão*

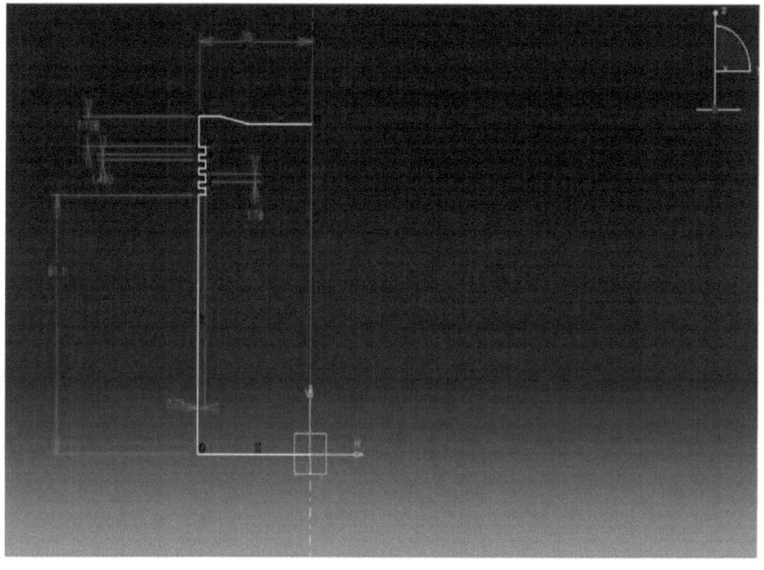

Figura 4.1 Esboço dimensional axissimétrico bidimensional

Utilizando o esboço 2D no CatiaV5, é gerado um modelo sólido 3D com o veio, a almofada, o furo, etc., como mostra a *figura 4.2*, que é guardado em formato neutro .step, que é suportado pelo software Ansys.

Figura 4.2 Modelo 3D sólido do pistão

4.4 DESCRIÇÃO DO ELEMENTO

4.4.1 DESCRIÇÃO DO ELEMENTO TÉRMICO

PLANE77 Descrição do elemento

O PLANE77 é uma versão de ordem superior do elemento térmico 2-D, de 4 nós (PLANE55) e o elemento tem um grau de liberdade, temperatura, em cada nó. Os elementos de 8 nós têm formas de temperatura compatíveis e são adequados para modelar fronteiras curvas.

O elemento térmico de 8 nós é aplicável a uma análise térmica 2-D, em estado estacionário ou transiente. Se o modelo que contém este elemento também for analisado estruturalmente, o elemento deve ser substituído por um elemento estrutural equivalente (como o PLANE82), um elemento térmico axissimétrico semelhante que aceita cargas não axissimétricas é o PLANE78.

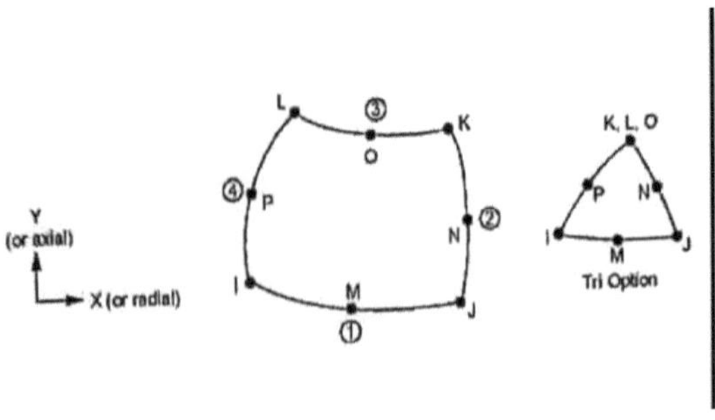

Figura 4.3 Geometria do plano 77

4.4. 2DESCRIÇÃO DO ELEMENTO ESTRUTURAL

PLANEI83 Elemento Descrição

O PLANE183 é um elemento 2-D de ordem superior, com 8 nós ou 6 nós. O PLANE183 tem um comportamento de deslocamento quadrático e é adequado para modelar malhas irregulares (como as produzidas por vários sistemas CAD/CAM). Este elemento é definido por 8 nós ou 6 nós com dois graus de liberdade em cada nó: translações nas direcções nodais x e y. O elemento pode ser utilizado como um elemento plano (tensão plana, deformação plana e deformação plana generalizada) ou como um elemento axissimétrico. Este elemento tem capacidades de plasticidade, hiperelasticidade, fluência, reforço de tensões, grandes deformações e grandes deformações.

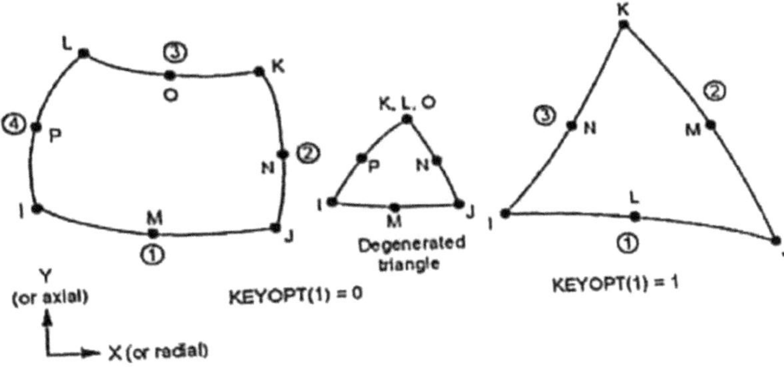

Figura 4.4 Geometria do plano 183

Este modelo 3D é utilizado para gerar uma malha do modelo sólido mostrado *na fig. 4.5*, ou seja, dividir o modelo num número finito de elementos e analisar cada elemento sob as *condições de fronteira* dadas.

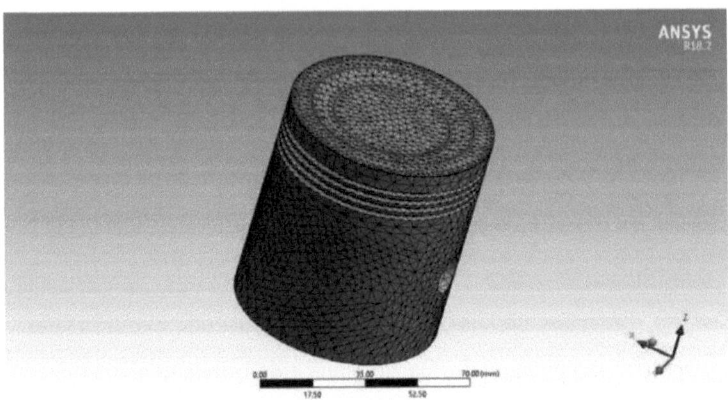

Figura 4.5 Malha do modelo sólido do pistão

4.5 ANÁLISE ESTRUTURAL ESTÁTICA E TÉRMICA EM ESTADO ESTACIONÁRIO

4.5.1 CONDIÇÕES DE FRONTEIRA

CONDIÇÕES DE FRONTEIRA PARA A ANÁLISE ESTRUTURAL ESTÁTICA

A pressão do gás aplicada na cabeça do pistão varia entre 3 e 5 MPa, consoante o curso. A pressão é máxima no curso de expansão e no curso de escape, que é exercida diretamente na cabeça do pistão. A superfície de contacto entre a superfície do tambor do pistão e as paredes do cilindro pode ser considerada como menos friccionada devido à redução da fricção entre estas duas partes pelo óleo lubrificante. Do mesmo modo, o contacto entre a superfície do orifício da cavilha do pistão e o gudgeon é considerado sem atrito para simplificar a análise.

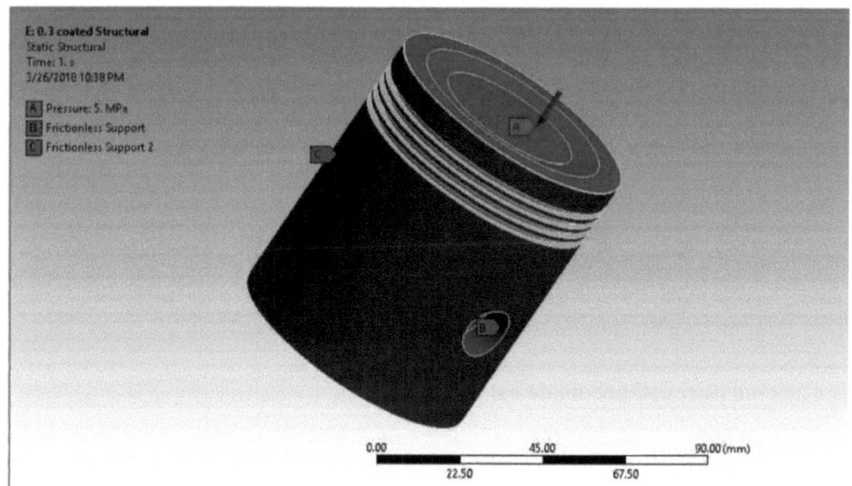

Figura 4.6 Condições de fronteira da análise estrutural estática

Na figura *4.6a* acima, é aplicada uma pressão de 5 MPa na cabeça do pistão com dois apoios sem atrito, um entre o pistão e o cilindro e o outro entre o pistão e a cavilha do gudgeon

CONDIÇÕES DE FRONTEIRA PARA A ANÁLISE TÉRMICA EM ESTADO ESTACIONÁRIO

Para a análise térmica do pistão, as principais condições de fronteira são:

a. Temperatura
b. Coeficiente de convecção

As temperaturas no interior do cilindro são de cerca de 2000· C instantaneamente no curso de expansão, mas a temperatura do gás efetivo é de cerca de 550·C. Este calor absorvido pelo pistão é dissipado principalmente para o óleo lubrificante que envolve as peças do motor. Isto resulta num coeficiente de transferência de calor por película.

Para a transferência média global de calor do gás para o líquido de arrefecimento do cilindro, são utilizadas equações de transferência de calor do tipo convecção.

$$Q / A = h\,(T_{gas} - T_{cool})$$

Onde:

Q = transferência global de calor (W/m2)

A = área do cilindro de referência (m2)

T gás = temperatura efectiva do gás, normalmente 550 C

Tcool = temperatura do líquido de arrefecimento, normalmente 80 C

h= coeficiente de transferência de calor

O coeficiente de transferência de calor depende dos parâmetros geométricos do motor, como a área exposta do cilindro e o furo, e da velocidade do pistão. O coeficiente varia com a localização e a posição do pistão. O coeficiente é encontrado a partir de uma correlação entre o número de Nusselt e o número de Reynolds.

Nusselt # = a (Reynolds #)-

$$\frac{hb}{k} = a\left(\frac{Ub}{\nu}\right)^{m}$$

Onde:

b = comprimento caraterístico do cilindro (m), geralmente escolhido como sendo o furo do cilindro.

κ = condutividade térmica do gás, (W/mK), valor típico 0,06

v = difusividade térmica do gás, (m2/s), valor típico 100x 10-6

U = velocidade caraterística do gás (m/s)

Dependendo da correlação utilizada, a velocidade caraterística do gás U é a velocidade média do pistão, a velocidade média de admissão ou a velocidade de combustão. O coeficiente a e o expoente m são encontrados a partir de experiências com motores. Existem três tipos de coeficientes de transferência de calor utilizados no cálculo da transferência de calor dos motores.

$$U = U_{piston} = 2 * \frac{RPM}{60} * Stroke$$

$$U = U_{intake} = \frac{\dot{m}}{\rho A_{piston}}$$

	Averaging	Used for
h(x,t)	averaged over time & space	overall steady state energy balance calculations
h(x,t)	instantaneous, space average	heat transfer versus crank angle
h(x,t)	instantaneous, local	local calculations of thermal stress

Tabela 4.4 Tipos de coeficientes de transferência de calor

Os valores de pico dos coeficientes instantâneos e locais podem ser muitas vezes superiores aos valores médios. Uma correlação frequentemente usada para uma média h é a de Taylor (ref), que usa a velocidade média do pistão para a velocidade caraterística.

$$\frac{h(x,t)b}{k} = 10.4\left(\frac{Ub}{\nu}\right)^{3/4}$$

O coeficiente de película médio global para o pistão concebido é de 2,5 x 10- W/mm K

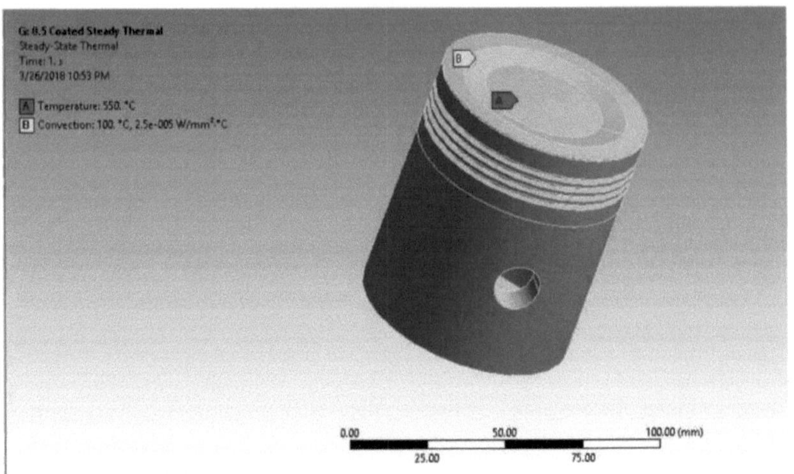

Figura 4.7 Condições de fronteira da análise térmica em estado estacionário

Na *figura 4.7* acima, é aplicada uma temperatura de 550·C na coroa do pistão, onde o gás efetivo transfere a energia térmica para a cabeça do pistão por convecção. O coeficiente de convecção da película de 2,5 x 10- W/mm- K é aplicado nas superfícies do pistão que entram em contacto com o óleo lubrificante.

CAPÍTULO 5

RESULTADOS E DISCUSSÃO

5.1 ANÁLISE ESTRUTURAL ESTÁTICA:

5.1.1 ANÁLISE DE TENSÕES

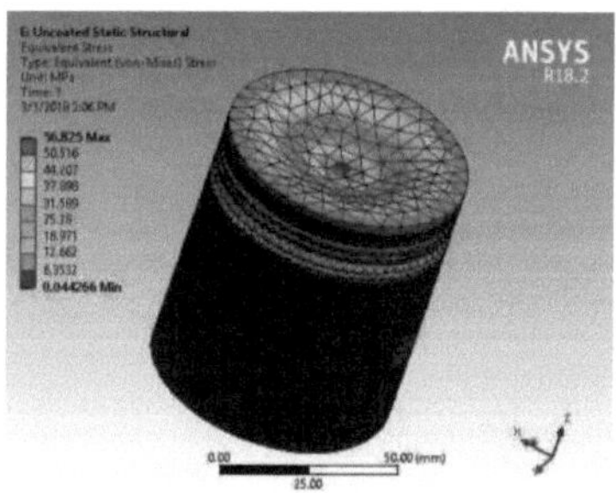

Figura 5.1(a)Análise de tensões do pistão

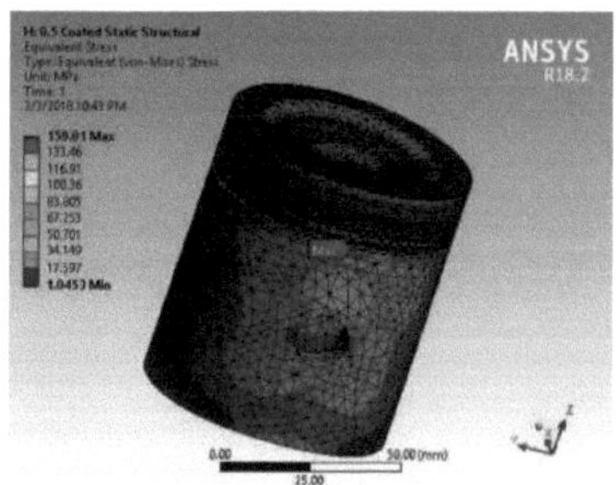

Figura 5.1(c) Análise da tensão do pistão revestido com 500 microns

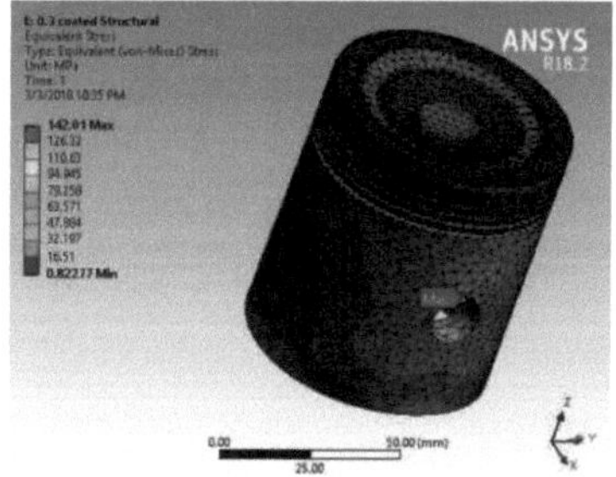

Figura5.1(b)Análise da tensão do pistão revestido com 300uncoaıed microns

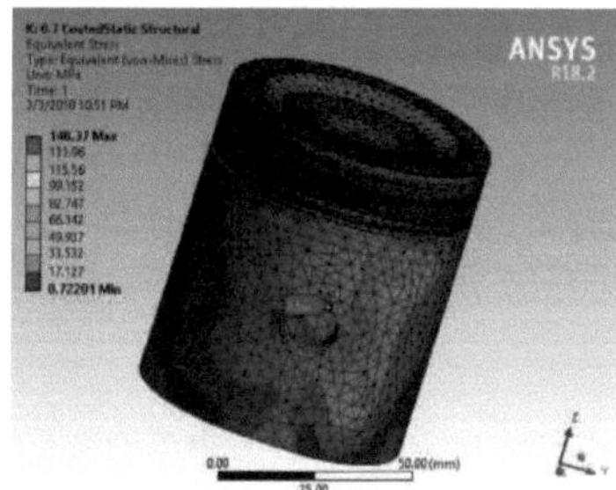

Figura5.1 (d) Análise da tensão do pistão revestido com 700 microns

As figuras acima representam as variações de tensão de diferentes pistões revestidos, tais como 300,500, 700 microns de espessura. As figuras mostram que a tensão é máxima nos seus suportes, que se encontram no orifício ao seu lado

5.1.2 ANÁLISE DAS DEFORMAÇÕES

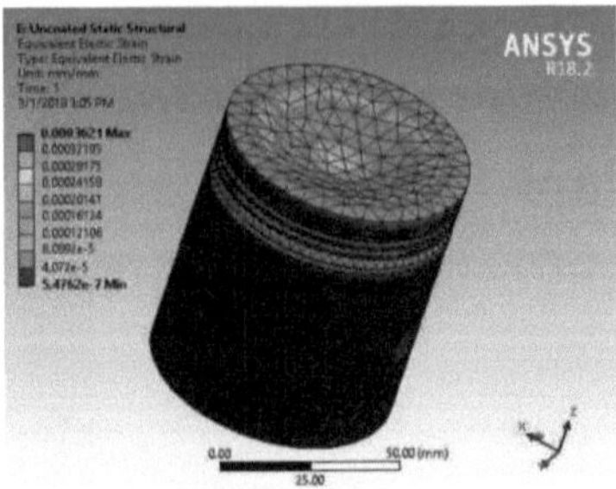

Figura 5.2(a) Análise da deformação do pistão

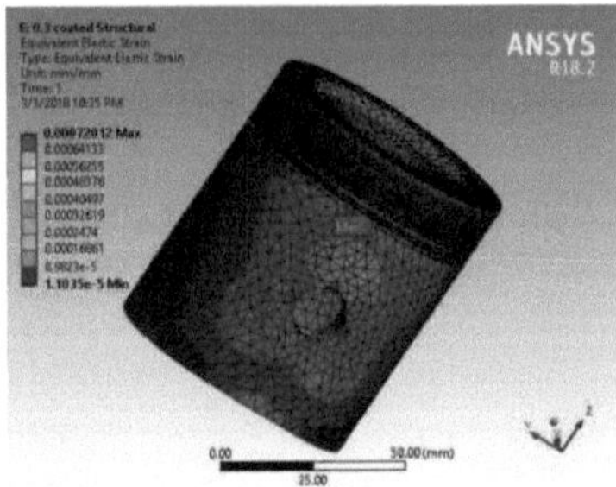

Figura5.2(b) Análise da deformação do pistão revestido com 300uncoaıed microns

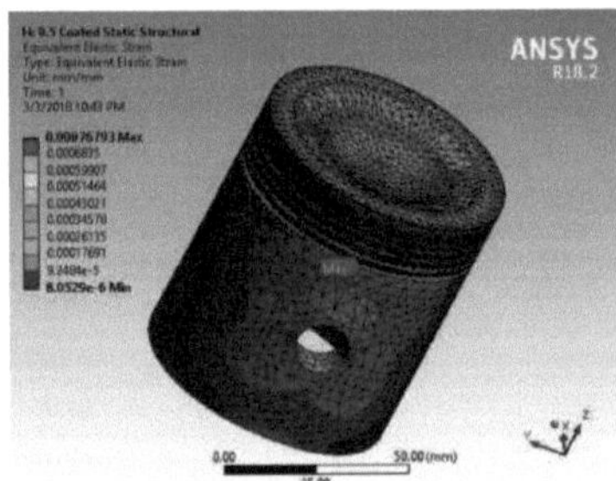

Figura 5.2(c) Análise da deformação do pistão revestido com 500 microns

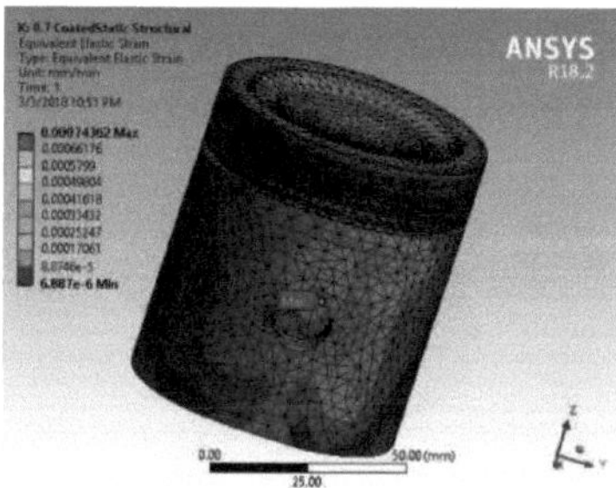

Figura 5.2(d) Análise da deformação do pistão revestido de 700 microns

As figuras acima representam as variações de deformação de diferentes pistões revestidos, tais como 300, 500 e 700 microns de espessura. As figuras mostram que a deformação é máxima nos anéis do pistão para os pistões de 300 e 500 mícrones e é máxima nos suportes para o pistão de 700 mícrones.

5.1.3 DEFORMAÇÃO

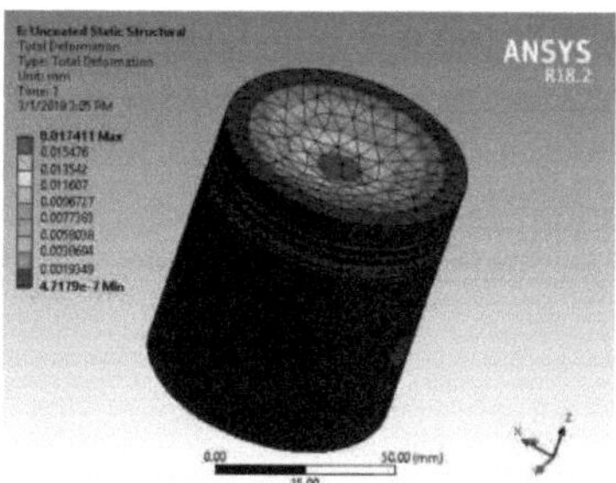

Figura 5.3(a) Análise da deformação do pistão sem revestimento 300

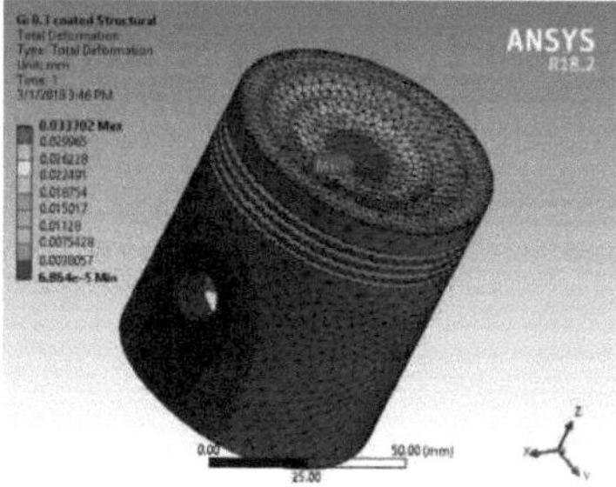

Figura5.3(b) Análise da deformação do pistão revestido com microns

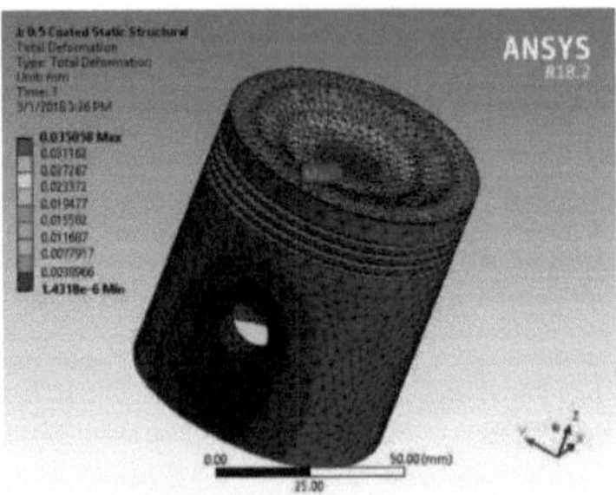

Figura 5.3(c) Análise da deformação do pistão revestido com 500 microns

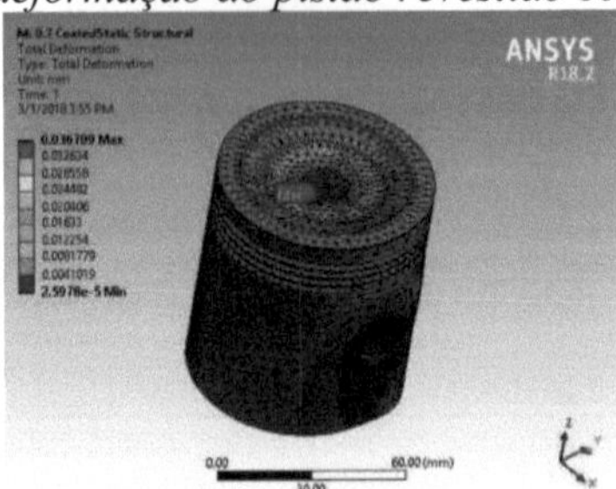

Figura5.3(d) Análise da deformação do pistão revestido com 700 microns

As figuras representam as deformações ocorridas nas suas respectivas posições, quando a malha é aplicada.

Estes valores indicam que no centro da coroa do pistão se regista a deformação máxima.

A menor deformação é observada nos apoios dos quatro pistões, tanto com revestimento como sem revestimento.

5.1.4COMPARAÇÃO DA ANÁLISE ESTRUTURAL ESTÁTICA

Piston with coating of silver	Maximum stress on the piston top land (M Pa)	Percentage variation in stress (%)	Maximum strain on the piston top land (mm/mm)	Percentage variation in strain (%)
Uncoated	57	-	0.00028	-
Thickness t=300μm	48	-15.53%	0.00072	157%
Thickness t=500μm	50.701	-10.83%	0.00043	53.6%
Thickness t=700μm	66.39	-12.09%	0.00033	17.86%

Quadro 5.1 Comparação dos resultados da análise estrutural estática

Ao observar a *tabela 5.1*, o pistão revestido com 700μm de espessura desenvolve menos tensões e deformações quando comparado com o pistão revestido com 300μm de espessura e o pistão revestido com 500μm de espessura.

5.2 ANÁLISE TÉRMICA EM ESTADO ESTACIONÁRIO

5.2.1 TEMPERATURA

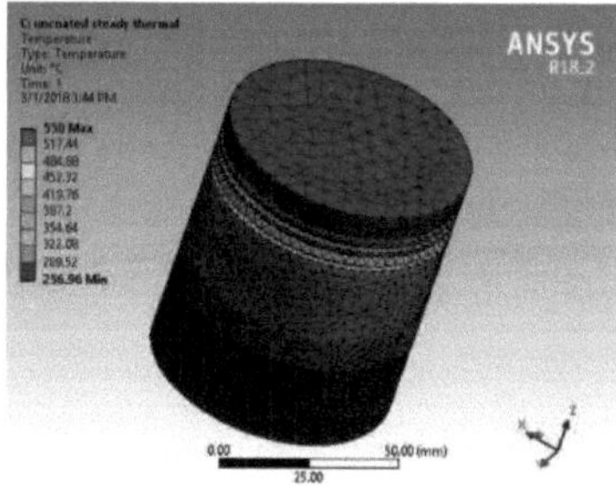

Figura 5.4(a) Análise da temperatura do pistão revestido a 300n

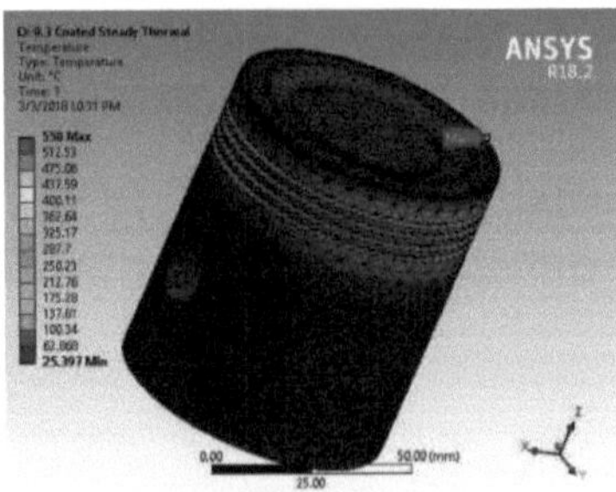

Figura 5.4(b) Análise da temperatura do pistão revestido com microns

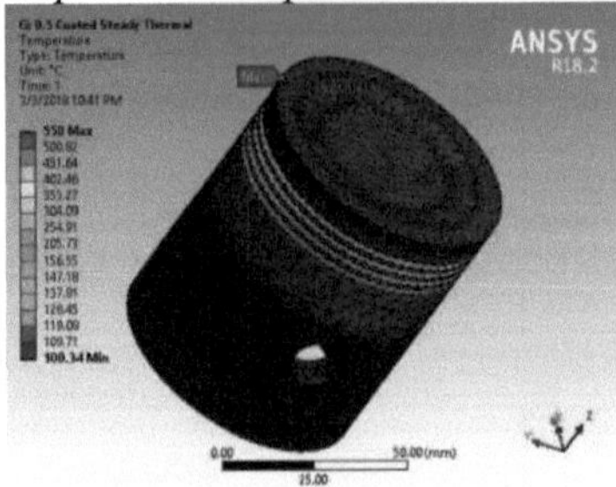

Figura 5.4(c) Análise da temperatura do pistão revestido com 500 microns

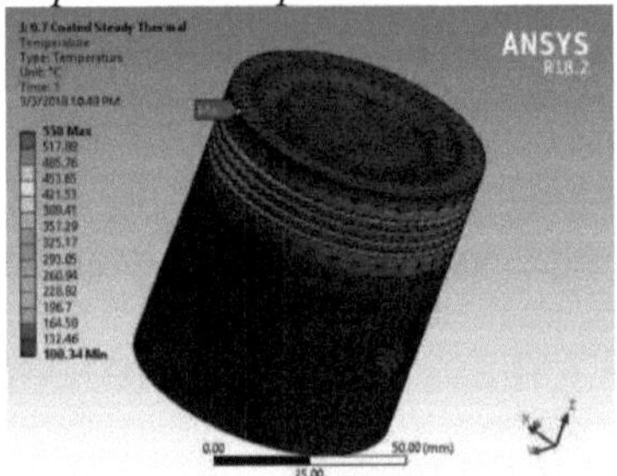

Figura 5.4(d) Análise da temperatura do pistão revestido com 700 microns

As figuras representam as diferentes distribuições de temperatura para todos os diferentes revestimentos.

Estes valores indicam que a temperatura é máxima na parte superior, ou seja, na coroa do pistão, onde este é revestido.

A temperatura máxima é mantida no revestimento e distribuída por todo o pistão.

5.2.2 FLUXO DE CALOR

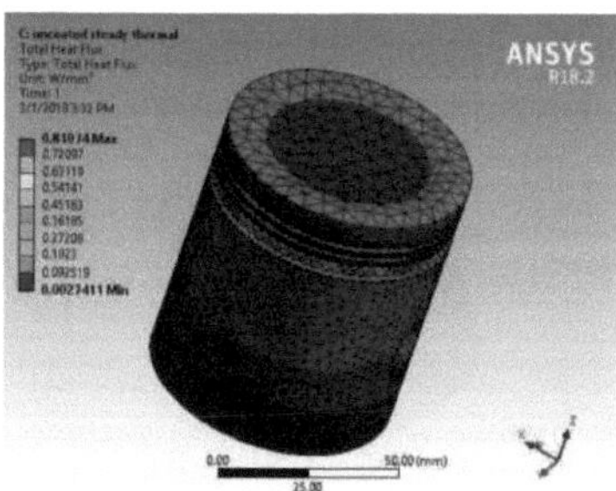

Figura 5.5(a) Análise do fluxo de calor do pistão revestido a 300n

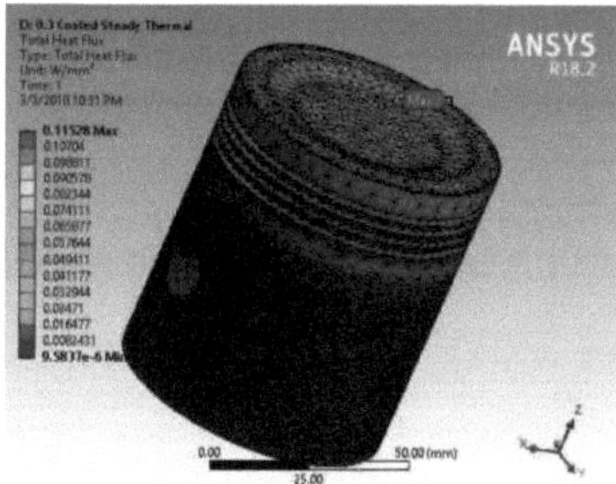

Figura 5.5 (b) Análise do fluxo de calor do pistão revestido com microns

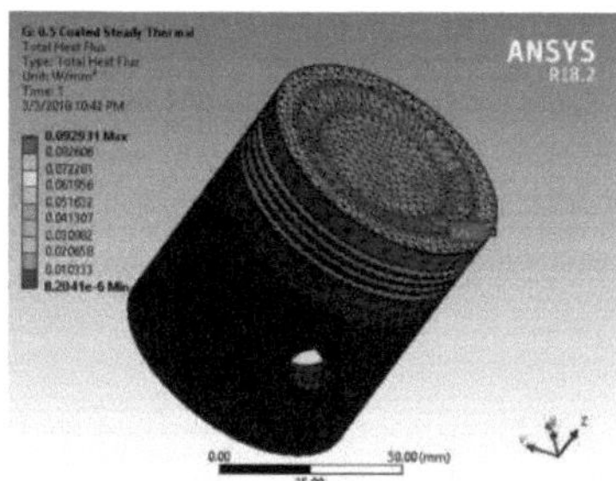

Figura 5.5(c) Análise do fluxo de calor do pistão revestido com 500 microns

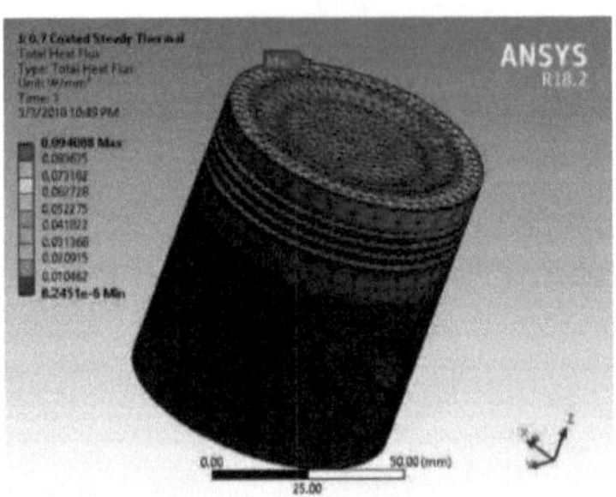

Figura 5.5(d) Análise do fluxo de calor do pistão revestido com 700 microns

As figuras representam as diferentes distribuições do fluxo de calor para todos os diferentes revestimentos. O fluxo de calor máximo é encontrado no bordo do revestimento exterior de prata. Isto deve-se à elevada condutividade da prata.

5.2.3 COMPARAÇÃO DA ANÁLISE TÉRMICA ESTÁVEL

Piston with coating of silver	Temperature at end piston top land (·C)	Percentage variation of temperature (%)	Heat Flux at end piston top land (W/mm^2)	Percentage variation of heat flux (%)
Uncoated	518.00	-	0.15801	-
Thickness t=300μm	512.53	-1.055	0.11528	-27.03
Thickness t=500μm	500.82	-10.83%	0.09293	-41.18
Thickness t=700μm	496.50	-7.1	0.09408	-40.45

Quadro 5.2Comparação da análise térmica em estado estacionário

Ao observar a *tabela 5.2, o* pistão revestido de 700μm de espessura desenvolve uma diferença de temperatura elevada e a maior diminuição no fluxo de calor quando comparado com o pistão revestido de 300μm de espessura e o pistão revestido de 500μm de espessura.

CAPÍTULO 6
CONCLUSÃO

Comparando os resultados do pistão revestido a prata com várias espessuras, o revestimento de prata com 700 mícrones de espessura apresentou uma diminuição de 40,45% do fluxo de calor em relação ao convencional. Quando comparado com outras espessuras, o revestimento de 700 microns de espessura tem o menor desvio no que respeita à estabilidade estrutural. Foi observada uma distribuição uniforme da temperatura no pistão revestido em relação ao pistão convencional.

O revestimento de prata na coroa do pistão converte mais calor em trabalho, o que leva a um aumento global do desempenho do motor. A partir da análise, observou-se que o óleo utilizado para a lubrificação não se evaporou devido ao revestimento de prata e que a temperatura resultante (273° C a 311° C) estava dentro do limite, o que indica uma proteção segura do revestimento.

ÂMBITO DE APLICAÇÃO FUTURA

Este projeto centra-se principalmente no desempenho individual da coroa do pistão; uma análise acoplada pode ser feita com o cilindro para obter o desempenho do motor como um todo. A superfície de revestimento é também um fator importante que afecta o trabalho realizado e a rejeição de calor no motor.

REFERÊNCIAS

[1]Fundamentos do Projeto de Componentes de Máquinas - Por Robert Juvinall.

[2] Um livro de texto de Ciência e Engenharia de Materiais - Por R K Rajput

[3]Engenharia Automóvel (Vol-1, Vol-2)- Por Dr. Kirpal Singh

[4]Transferência de calor e massa - Por R K Rajput

[5]TM. Yonushonis, Overview ofthermal barrier coatings in diesel engines, J. Therm. Spray Technol. 6 (1997),50-56. 21

[6]M.Cerit, Thermo mechanical analysis of a partially ceramic coated piston used in an SI
motor, Surf. Coat. Technol. 205 (2011) ,3499-3505. 131

[7]E.Buyukkaya, Thermal analysis of functionally graded coating AISi alloy and steel
pistões, Surf. Coat. Technol. 202 (2008) 3856-3865.

[8] E. Buyukkaya, M. Cerit, Análise térmica de um pistão de motor diesel com revestimento cerâmico
utilizando o método dos elementos finitos 3D, Surf. Coat. Technol. 202 (2007) 398-402.

[9] H.W. Ng, Z. Gan, A finite element analysis technique for predicting as-sprayed residual stresses generated by the plasma spray coating process, Finite Elem. Anal. Des. 41 (2005) 1235-1254.

[10] E. Buyukkaya, A.S, .Demirkıran, M. Cerit, Application ofthermal barrier coating in a
motor diesel, Key Eng. Mater. 2640268 (2004) 517e520.

[11] E. Buyukkaya,M.Cerit, Experimental study ofNOx emissions and injection

timing of a low heat rejection diesel engine, Int. J. Therm. Sci. 47 (2008) 1096e1106.

[12]SilvioMemme, "The Inuence ofThermal Barrier Coating Surface Roughness on Spark Ignition Engine Performance and Emissions", Master of Applied Science Mechanical and Industrial Engineering University ofToronto 2012.

[13] S. Dhandapani, "Theoretical and experimental investigation of catalytically activated lean burnt combustion," Tese de doutoramento, IIT, Chennai, 1991.

[14] N. Nedunchezhian, and S. Dhandapani, "Experimental investigation of cyclic variation of combustion parameters in a catalytically activated two-stroke SI engine combustion chamber," Engg Today, 2,11-18,2000.

[15] M.V.S.Murali Krishna, K. Kishor, P.R.K. Prasad, e G..V.V Swathy, "Estudos paramétricos de poluentes do motor de ignição por faísca revestido a cobre com conversor catalítico com metanol misturado com gasolina," Journal of Current Sciences, 9(2), 529-534, 2006.

[16] M.V.S. Murali Krishna and K. Kishor, Investigations on catalytic coated spark ignition engine with methanol blended gasoline with catalytic converter", Indian Journal (CSIR) of Scientic and Industrial Research, 67, July, 543-548, 2008.

[17] K. Kishor, M.V.S. Murali Krishna, A.V.S.S.K.S. Gupta, S. Narasimha Kumar, e D.N. Reddy, "Emissions from copper coated spark ignition engine with methanol blended gasoline with catalytic converter," Indian Journal ofEnvironmental Protection, 30(3), 177-187,2010.

[18] Ravindra Gehlot, ,Brajesh Tripathi, "Thermal analysis ofholes created on ceramic coating for diesel engine piston", Case Studies in Thermal Engineering Volume 8, setembro de 2016, Páginas 291-299, ELSEVIER.

[19] S. Srikanth Reddy ,Dr. B. Sudheer Prem Kumar, "Thermal Analysis and Optimization of I.C. Engine Piston Using Finite Element Method", International Journal of Innovative Research in Science, Engineering and Technology (An ISO 3297: 2007 Certied Organization) Vol. 2, Issue 12, December 2013.

Printed by Books on Demand GmbH, Norderstedt / Germany